Trigonometrie.

Sonderabdruck
aus der 19. Auflage der
Hauptsätze
der
Elementar-Mathematik
zum
Gebrauche an höheren Lehranstalten.

Bearbeitet
von
Professor Dr. **F. G. Mehler.**

Mit einem Vorworte
von
Professor Dr. **Schellbach.**

Preis: 20 Pfennig.

Berlin.
Druck und Verlag von Georg Reimer.
1895.

Trigonometrie.

I. Die trigonometrischen Funktionen spitzer und stumpfer Winkel und die Auflösung ebener Dreiecke.

A. Rechtwinklige Dreiecke.

§ 155. Alle rechtwinkligen Dreiecke, die in einem spitzen Winkel übereinstimmen, sind einander ähnlich, stimmen also auch überein in den Verhältnissen entsprechender Seitenpaare. (Ist $\angle C = C' = 1R$ und $\angle A = A' = \alpha$, so ist $CB : AB = C'B' : A'B'$, $AC : AB = A'C' : A'B'$ u. s. w.) Im rechtwinkligen Dreiecke sind also durch einen seiner spitzen Winkel die Verhältnisse von je zwei seiner Seiten vollständig bestimmt. Ändert sich die Größe des Winkels, so ändern sich auch die Werte der Verhältnisse in völlig bestimmter Weise. Man drückt dies kurz so aus: Im rechtwinkligen Dreiecke sind die Seitenverhältnisse **Funktionen** eines seiner spitzen Winkel.

Im Dreiecke ABC sei nun a die dem Winkel α gegenüberliegende, b die ihm anliegende Kathete und c die Hypotenuse. Man kann dann die sechs Verhältnisse $\frac{a}{c}$ und $\frac{b}{c}$, $\frac{c}{b}$ und $\frac{c}{a}$, $\frac{a}{b}$ und $\frac{b}{a}$ bilden und erhält auf diese Weise sechs trigonometrische (oder goniometrische) Funktionen. Die beiden ersten Verhältnisse heißen der Sinus und Cosinus, die beiden mittleren die Sekante und Cosekante, die beiden letzten die Tangente und Cotangente des Winkels α. Die abgekürzten Bezeichnungen für diese Funktionen sind:

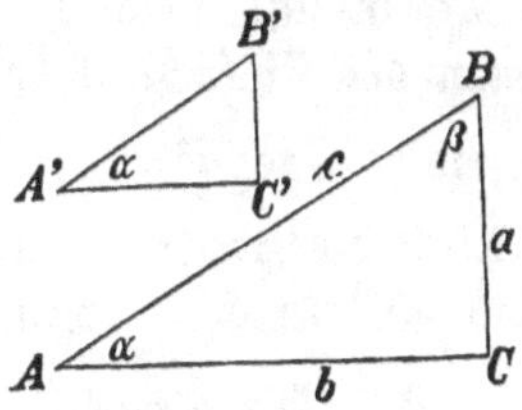

$$\sin\alpha \text{ und } \cos\alpha, \quad \sec\alpha \text{ und } \operatorname{cosec}\alpha, \quad \operatorname{tg}\alpha \text{ und } \cot\alpha.$$

§ 156. Vom Sinus und Cosinus.

1) I. $\sin\alpha = \frac{a}{c}\cdot$ II. $\cos\alpha = \frac{b}{c}\cdot$

In Worten: Im rechtwinkligen Dreiecke ist der Sinus eines spitzen Winkels gleich dem Verhältnis der gegenüberliegenden Kathete zur Hypotenuse.

Der Cosinus eines spitzen Winkels ist gleich dem Verhältnis der anliegenden Kathete zur Hypotenuse.

2) Wendet man diese Definitionen auf den der Kathete b gegenüberliegenden Winkel β an, so ergiebt sich: $\sin\beta = b:c$ und $\cos\beta = a:c$. Also ist $\sin\beta = \cos\alpha$ und $\cos\beta = \sin\alpha$. Nun ist $\beta = 90^0 - \alpha$, mithin

$$\sin(90^0-\alpha) = \cos\alpha, \quad \cos(90^0-\alpha) = \sin\alpha.$$

Nach der ersten dieser Gleichungen ist also der Cosinus von α gleich dem Sinus des Komplementes von α. (Das Wort cosinus ist entstanden durch Abkürzung von complementi sinus.)

Eine Tafel, welche die Sinus der Winkel von 0^0 bis 90^0 enthält, giebt also auch die Cosinus dieser Winkel. (Z. B. $\cos 3^0 = \sin 87^0$. Vergl. die Tafel der natürlichen Sinus.) Oder auch: Die Tafeln, welche die Werte beider Funktionen angeben, brauchen nur das Intervall von 0^0 bis 45^0 zu umfassen.

3) Nach § 67 ist $a^2+b^2=c^2$, also $\left(\frac{a}{c}\right)^2+\left(\frac{b}{c}\right)^2 = 1$, oder $(\sin\alpha)^2+(\cos\alpha)^2=1$. Die Summe der Quadrate von $\sin\alpha$ und $\cos\alpha$ ist also gleich 1. Die Klammern in der letzten Gleichung läßt man der Einfachheit halber fort und schreibt daher:

$$\sin\alpha^2+\cos\alpha^2=1; \quad \cos\alpha = \sqrt{1-\sin\alpha^2}; \quad \sin\alpha = \sqrt{1-\cos\alpha^2}.$$

Durch die zweite Formel kann man die Cosinus der Winkel von 0^0 bis 45^0 berechnen, wenn man ihre Sinus bereits kennt.

4) Für $\alpha = 45^0$ ist $a = b$, also $2a^2 = c^2$, $a = c\sqrt{\tfrac{1}{2}}$; also

$$\sin 45^0 = \sqrt{\tfrac{1}{2}}\ (=0{,}7071\,..); \quad \cos 45^0 = \sqrt{\tfrac{1}{2}}.$$

Für $\alpha = 30^0$ ist $a = \frac{1}{2}c$, $b = \frac{1}{2}\sqrt{3}.c$. (Zum Beweise halbiere man einen Winkel eines gleichseitigen Dreiecks.) Folglich ist:

$$\sin 30^0 = \tfrac{1}{2}\ (=0{,}5); \qquad \cos 30^0 = \tfrac{1}{2}\sqrt{3}.$$
$$\sin 60^0 = \tfrac{1}{2}\sqrt{3}\ (=0{,}8660\,..); \qquad \cos 60^0 = \tfrac{1}{2}.$$

5) Alle rechtwinkligen Dreiecke über derselben Hypotenuse AB sind dem Halbkreise über dem Durchmesser AB eingeschrieben. Wählt man nun den Durchmesser zur Längeneinheit, so wird $\sin\angle BAC = BC:1 = BC$ und $\cos\angle BAC = AC:1 = AC$. Die Sinus der Winkel BAC, BAD, BAE, .. sind also gleich den Maßzahlen der Sehnen BC, BD, BE, . . ., die Cosinus dieser Winkel gleich den Maßzahlen der Sehnen AC, AD, AE . . . Da zum größeren (spitzen) Peripheriewinkel auch die größere Sehne gehört, so nimmt mit wachsendem α auch $\sin\alpha$ beständig zu, aber $\cos\alpha$ beständig ab. Für $\alpha = 0^\circ$ und $\alpha = 90^\circ$ gelten die Grenzwerte:

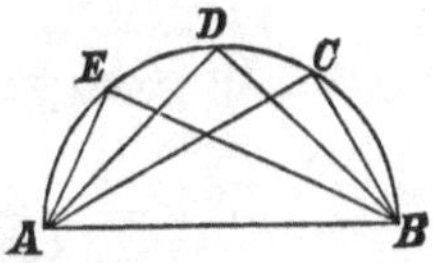

$$\sin 0^\circ = 0, \quad \cos 0^\circ = 1; \quad \sin 90^\circ = 1, \quad \cos 90^\circ = 0.$$

Nach § 102 lassen sich aus der Sehne eines Bogens auch die Sehnen aller durch wiederholte Halbierung entstehenden Bogen berechnen. Aus $\sin 45^\circ$ lassen sich also $\sin 22^\circ 30'$, $\sin 11^\circ 15'$, . . und aus $\sin 30^\circ$ auch $\sin 15^\circ$, $\sin 7^\circ 30'$, . . . ableiten.

6) Aus I. $\sin\alpha = \frac{a}{c}$, II. $\cos\alpha = \frac{b}{c}$ folgt:

I'. $a = c.\sin\alpha$, II'. $b = c.\cos\alpha$.

I''. $c = \frac{a}{\sin\alpha}$, II''. $c = \frac{b}{\cos\alpha}$.

Jede Kathete ist also gleich dem Produkte aus der Hypotenuse und dem Sinus des der Kathete gegenüberliegenden oder dem Cosinus des ihr anliegenden Winkels.

Die Hypotenuse ist gleich dem Quotienten einer Kathete und des Sinus des gegenüberliegenden oder des Cosinus des anliegenden Winkels.

7) Aus zwei gegebenen Stücken eines rechtwinkligen Dreiecks lassen sich nach 6) und 3) die übrigen folgendermaßen berechnen:

Aufg. 1. Geg. c und α. Aufl. $a = c.\sin\alpha$, $b = c.\cos\alpha$.
Aufg. 2. Geg. c und a. Aufl. $\sin\alpha = a:c$, $b = c.\cos\alpha$.
Aufg. 3. Geg. α und a. Aufl. $c = a:\sin\alpha$, $b = c.\cos\alpha$.
Aufg. 4. Geg. α und b. Aufl. $c = b:\cos\alpha$, $a = c.\sin\alpha$.
Aufg. 5. Geg. a und b. Aufl. $c = \sqrt{a^2+b^2}$, $\sin\alpha = a:c$.

Hierzu ist jedoch zu bemerken, daß Aufg. 5 (und zum Teil auch 3 und 4) im allgemeinen zweckmäßiger mit Benutzung der Funktion tangens oder cotangens gelöst werden. (Vergl. § 158, 6).)

§ 157. Von der Sekante und Cosekante.

Es ist $\sec\alpha = \frac{c}{b}$ und $\operatorname{cosec}\alpha = \frac{c}{a}\cdot$ Hieraus folgt:

$$\sec\alpha = \frac{1}{\cos\alpha}; \quad \operatorname{cosec}\alpha = \frac{1}{\sin\alpha} = \sec(90^0 - \alpha).$$

(Die Sekante und Cosekante können beim Unterricht übergangen werden, falls die Tafel der natürlichen Sekanten nicht benutzt wird. — Über den Ursprung der Namen secans und tangens vergl. § 178.)

§ 158. Von der Tangente und Cotangente.

1) III. $\operatorname{tg}\alpha = \frac{a}{b}\cdot$ IV. $\cot\alpha = \frac{b}{a}\cdot$

In Worten: Die Tangente eines spitzen Winkels ist gleich dem Verhältnis der gegenüberliegenden Kathete zur anliegenden.

Die Cotangente eines spitzen Winkels ist gleich dem Verhältnis der anliegenden Kathete zur gegenüberliegenden.

III'. $a = b \,.\, \operatorname{tg}\alpha.$ IV'. $b = a \,.\, \cot\alpha.$

Eine Kathete ist gleich dem Produkte aus der anderen Kathete und der Tangente des der ersten gegenüberliegenden oder der Cotangente des der ersten anliegenden Winkels.

2) Da $\operatorname{tg}\beta = b : a$, $\cot\beta = a : b$ und $\beta = 90^0 - \alpha$, so ist

$$\operatorname{tg}(90^0 - \alpha) = \cot\alpha, \qquad \cot(90^0 - \alpha) = \operatorname{tg}\alpha.$$

3) Aus III und IV folgt durch Multiplikation:

$\operatorname{tg}\alpha . \cot\alpha = 1.$ Also ist $\cot\alpha = 1 : \operatorname{tg}\alpha$ und $\operatorname{tg}\alpha = 1 : \cot\alpha.$

4) Da $\frac{a}{b} = \frac{a}{c} : \frac{b}{c}$ ist, so ergiebt sich

$$\operatorname{tg}\alpha = \frac{\sin\alpha}{\cos\alpha}, \quad \cot\alpha = \frac{\cos\alpha}{\sin\alpha}\cdot$$

5) Es ist: $\operatorname{tg}0^0 = 0, \quad \operatorname{tg}45^0 = 1, \quad \operatorname{tg}90^0 = \infty.$
$\cot 0^0 = \infty, \quad \cot 45^0 = 1, \quad \cot 90^0 = 0.$

6) Für die Aufg. 3—5 § 156, 7) ergeben sich jetzt die Lösungen:

Aufg. 3. Geg. α und a. Aufl. $b = a.\cot\alpha$, $c = a : \sin\alpha$.
Aufg. 4. Geg. α und b. Aufl. $a = b.\operatorname{tg}\alpha$, $c = b : \cos\alpha$.
Aufg. 5. Geg. a und b. Aufl. $\operatorname{tg}\alpha = a : b$, $c = a : \sin\alpha$.

7) Der Inhalt ($\triangle$) des rechtwinkligen Dreiecks ABC ist $=\frac{1}{2}ab$. Hieraus folgt leicht, daß auch

$$\triangle = \tfrac{1}{2}c^2 \sin\alpha \cos\alpha = \tfrac{1}{2}a^2 \cot\alpha = \tfrac{1}{2}b^2 \operatorname{tg}\alpha.$$

B. Gleichschenklige Dreiecke und regelmäßige Vielecke.

§ 159. 1) In dem gleichschenkligen Dreiecke ABC sei die Grundlinie $AB = c$, der Winkel an der Spitze $=\gamma$, jeder Basiswinkel $=\alpha$, jeder Schenkel $=a$. Die Aufgaben über das gleichschenklige Dreieck lassen sich leicht dadurch lösen, daß man es durch die Höhe CD in zwei kongruente rechtwinklige zerlegt. (Im $\triangle ADC$ ist $AD = \frac{1}{2}c$, $\angle ACD = \frac{1}{2}\gamma$, also $\alpha + \frac{1}{2}\gamma = 90^0$ u. s. w.)

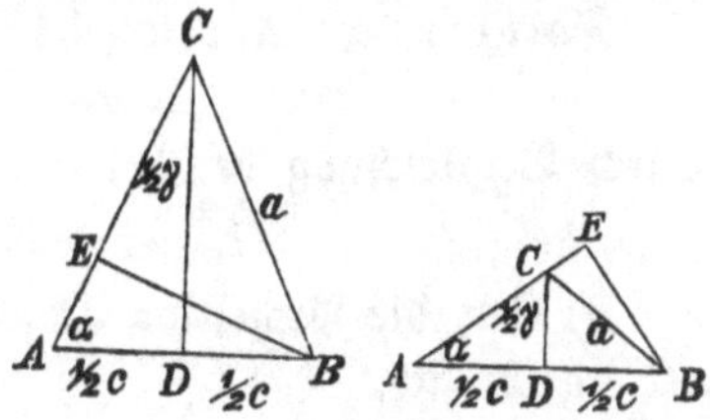

2) Ein regelmäßiges n-Eck läßt sich vom Mittelpunkte des umgeschriebenen Kreises aus in n kongruente gleichschenklige Dreiecke zerlegen. In jedem derselben ist der Winkel an der Spitze $=\frac{1}{n}\cdot 360^0$ und jeder Basiswinkel $=\left(1-\frac{2}{n}\right)\cdot 90^0$. Bezeichnet c die Seite, r den Radius des umgeschriebenen, ϱ den des eingeschriebenen Kreises und J den Inhalt des n-Ecks, so ist:

$$c = 2r\sin\frac{180^0}{n}; \quad c = 2\varrho \operatorname{tg}\frac{180^0}{n}; \quad \varrho = r\cos\frac{180^0}{n}.$$

$$J = \tfrac{1}{2}nc.\varrho = n\varrho^2 \operatorname{tg}\frac{180^0}{n} = \tfrac{1}{4}nc^2 \cot\frac{180^0}{n}.$$

C. Die Funktionen stumpfer Winkel. — Sätze über $\sin\gamma$ und $1 \mp \cos\gamma$.

§ 160. 1) Fällt man auf den Schenkel AC eines spitz- oder stumpfwinkligen gleichschenkligen Dreiecks ABC (§ 159, 1) die Höhe BE, so ist der Inhalt $\triangle = \frac{1}{2}a.BE$. Nun ist $BE = a.\sin\gamma$, wenn $\gamma < 90^0$, und $BE = a.\sin(180^0 - \gamma)$, wenn $\gamma > 90^0$, folglich

$$\triangle = \tfrac{1}{2}a^2 \sin\gamma \quad (\gamma < 90^0); \qquad \triangle = \tfrac{1}{2}a^2 \sin(180^0 - \gamma) \quad (\gamma > 90^0).$$

Am rechtwinkligen Dreieck konnte der Sinus nur für spitze Winkel definiert werden. Unter dem Sinus eines stumpfen Winkels versteht man den Sinus seines Nebenwinkels; man definiert also, wenn $\gamma > 90^0$ ist, $\sin\gamma$ durch die Gleichung

$$\sin\gamma = \sin(180^0 - \gamma).$$

Dieselbe Gleichung gilt dann auch für einen spitzen Winkel γ, da sie nichts anderes aussagt, als daß zwei Nebenwinkel gleiche Sinus haben. In Folge dieser Festsetzung gilt die Gleichung $\triangle = \frac{1}{2}a^2\sin\gamma$ allgemein.

Folgerung. Andererseits ist $\triangle = 2ACD$, also nach § 158,7)

$$\triangle = a^2\sin\tfrac{1}{2}\gamma\cos\tfrac{1}{2}\gamma.$$

Durch Vergleichung der beiden Inhaltsformeln ergiebt sich:

$$\text{I.}\quad \sin\gamma = 2\sin\tfrac{1}{2}\gamma\cos\tfrac{1}{2}\gamma.$$

2) Für die Projektion AE der Grundlinie AB auf den Schenkel AC ergiebt sich,

wenn $\gamma < 90^0$: $AE = AC - CE = a - a\cos\gamma = a(1-\cos\gamma)$;

wenn $\gamma > 90^0$: $AE = AC + CE = a + a\cos(180^0 - \gamma)$

$$= a(1+\cos(180^0-\gamma)).$$

Unter dem Cosinus eines stumpfen Winkels versteht man den negativ genommenen Cosinus seines Nebenwinkels. Folglich ist:

$$\cos\gamma = -\cos(180^0-\gamma),\quad \text{also auch}\quad \cos(180^0-\gamma) = -\cos\gamma.$$

Die Gleichung $AE = a(1-\cos\gamma)$ gilt in Folge dessen allgemein.

Folgerungen. Ferner ist sowohl im spitzwinkligen als auch im stumpfwinkligen gleichschenkligen Dreiecke $AE = AB\sin\angle ABE = c\sin\frac{1}{2}\gamma = 2a\sin\frac{1}{2}\gamma^2$. Folglich gilt, ebenfalls allgemein, die Formel:

$$\text{II.}\quad 1-\cos\gamma = 2\sin\tfrac{1}{2}\gamma^2.$$

Setzt man hierin $\gamma = 180^0 - \gamma'$, also $\frac{1}{2}\gamma = 90^0 - \frac{1}{2}\gamma'$, so wird $1+\cos\gamma' = 2\cos\frac{1}{2}\gamma'^2$, also wenn man den Accent fortläßt:

$$\text{III.}\quad 1+\cos\gamma = 2\cos\tfrac{1}{2}\gamma^2.$$

3) Für $\alpha > 90^0$ mögen $\mathrm{tg}\,\alpha$ und $\cot\alpha$ durch die Gleichungen $\mathrm{tg}\,\alpha = \sin\alpha : \cos\alpha$ und $\cot\alpha = \cos\alpha : \sin\alpha$ definiert werden. Durch Division der Gleichungen

$$\sin(180^0-\alpha) = \sin\alpha,\qquad \cos(180^0-\alpha) = -\cos\alpha \quad \text{folgt also:}$$
$$\mathrm{tg}(180^0-\alpha) = -\mathrm{tg}\,\alpha,\qquad \cot(180^0-\alpha) = -\cot\alpha.$$

Zu erwähnen sind noch die häufig gebrauchten Formeln

$$\sin(90^0+\alpha) = \cos\alpha,\quad \cos(90^0+\alpha) = -\sin\alpha.\quad (\alpha < 90^0.)$$
$$\sin\alpha = \cos(\alpha-90^0),\quad \cos\alpha = -\sin(\alpha-90^0).\quad (\alpha > 90^0.)$$

Die beiden ersten folgen leicht daraus, daß $90^0+\alpha$ und $90^0-\alpha$ sich zu 180^0 ergänzen, also $\sin(90^0+\alpha)=\sin(90^0-\alpha)$ ist u. s. w. Die beiden letzten entstehen aus den ersten, indem man $90^0+\alpha=\alpha'$, also $\alpha=\alpha'-90^0$ setzt.

D. Auflösung beliebiger schiefwinkliger Dreiecke.

§ 161 (177). Im Dreiecke ABC seien a, b, c die den Winkeln α, β, γ gegenüberliegenden Seiten und d der Durchmesser des umgeschriebenen Kreises. Zieht man den Durchmesser BD und die Sehne CD, so ist $\angle BCD = 1R$ und, wenn α spitz ist, $\angle BDC=\alpha$, folglich $\sin\alpha = a:d$. Zeichnet man aber ein Dreieck mit einem stumpfen Winkel α, so wird $\angle BDC=180^0-\alpha$ (§ 55, 1), und man erhält zunächst

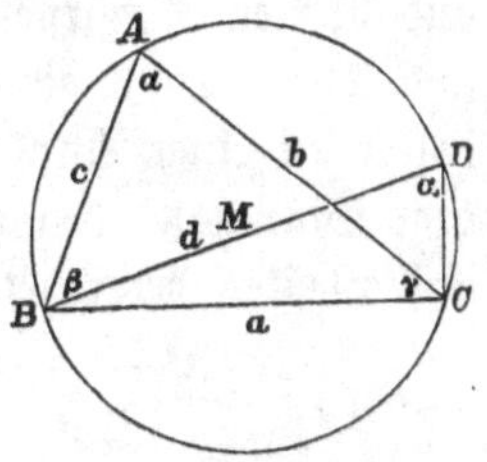

$$\sin(180^0-\alpha)=a:d.$$

Nun ist aber nach § 160, 1) $\sin(180^0-\alpha)=\sin\alpha$, folglich gilt auch im zweiten Falle die Gleichung $\sin\alpha = a:d$. Hiernach ist $d=a:\sin\alpha$, $d=b:\sin\beta$, $d=c:\sin\gamma$, also:

$$1)\quad \frac{a}{\sin\alpha}=\frac{b}{\sin\beta}=\frac{c}{\sin\gamma}=d. \quad \text{(Sinussatz.)}$$

§ 162 (178). Fällt man die Höhe $AD(h)$, so ist $h=b\sin\gamma$, $BD=BC-DC=a-b\cos\gamma$. (Ist γ stumpf, so findet man zunächst $h=b\sin(180^0-\gamma)$, $BD=a+b\cos(180^0-\gamma)$, also schließlich ebenfalls: $h=b\sin\gamma$, $BD=a-b\cos\gamma$.) Aus $\triangle ABD$ folgt nun:

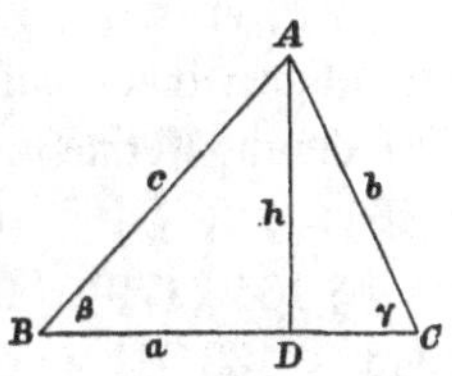

$$c^2=(a-b\cos\gamma)^2+(b\sin\gamma)^2,$$
$$c^2=a^2-2ab\cos\gamma+b^2\cos\gamma^2+b^2\sin\gamma^2,$$

$$2)\quad c^2=a^2+b^2-2ab\cos\gamma. \quad \text{(Cosinussatz. Vergl. § 68, 2.)}$$

Ferner ist $\operatorname{tg}\beta = AD:BD$, folglich:

$$\operatorname{tg}\beta=\frac{b\sin\gamma}{a-b\cos\gamma}.$$

Zu derselben Formel gelangt man für ein Dreieck, in dem γ oder β stumpf ist. Vertauscht man β mit α, also b mit a, so wird:

$$3)\quad \operatorname{tg}\alpha = \frac{a \sin\gamma}{b - a\cos\gamma}.$$

(Formel für vier aufeinanderfolgende Stücke (a, γ, b, α).)

Der Inhalt ($\triangle$) des Dreiecks ist $= \frac{1}{2}ah$ und $h = b\sin\gamma$, also

$$4)\quad \triangle = \tfrac{1}{2}ab\sin\gamma.$$

§ 163. Die vier Hauptaufgaben der Dreiecksberechnung lassen sich durch die erhaltenen vier Formeln in Verbindung mit $\alpha+\beta+\gamma = 180^0$ vollständig lösen. In Betreff der dem zweiten und vierten Kongruenzsatze entsprechenden Aufgaben vergl. § 166, 1) und 2). — Sind die drei Seiten gegeben, so kann man so verfahren, daß man einen Winkel nach dem Cosinussatz, dann den zweiten nach dem Sinussatz, den dritten als Supplement zur Summe des ersten und zweiten berechnet, also z. B. die Formeln anwendet:

$$\cos\gamma = \frac{a^2+b^2-c^2}{2ab};\quad \sin\beta = \frac{b\sin\gamma}{c};\quad \alpha = 180^0-(\beta+\gamma).$$

(Man vermeide es, durch den Sinus den größten Winkel zu bestimmen, da derselbe möglicherweise stumpf ist, also nicht gleich dem aus den Tafeln sich ergebenden Werte, sondern gleich dessen Supplement.)

Sind zwei Seiten und der eingeschlossene Winkel (a, b, γ) gegeben, so berechnet man z. B. zuerst α nach 3), dann $\beta = 180^0-(\alpha+\gamma)$ und zuletzt $c = a\sin\gamma : \sin\alpha$. Man kann auch zuerst c nach 2) und dann α oder β nach dem Sinussatz berechnen. — Der Inhalt ist $= \frac{1}{2}ab\sin\gamma$.

Kürzer wird die Lösung der Aufgaben (a, b, c) und (a, b, γ) im allgemeinen nach den in § 166, 3) und 4) zusammengestellten Berechnungsformeln. Die geometrische Ableitung derselben ist in § 164a und § 165 enthalten.

§ 164 (179). Die Gleichung 2) nimmt, wenn man statt $\cos\gamma$ (nach § 160 III und II) $2\cos\frac{1}{2}\gamma^2-1$ oder $1-2\sin\frac{1}{2}\gamma^2$ setzt, die Formen an:

$$2')\quad c^2 = (a+b)^2 - 4ab\cos\tfrac{1}{2}\gamma^2,$$
$$2'')\quad c^2 = (a-b)^2 + 4ab\sin\tfrac{1}{2}\gamma^2,$$

und durch Elimination von $4ab$ ergiebt sich hieraus:

$$2''')\quad c^2 = (a+b)^2\sin\tfrac{1}{2}\gamma^2 + (a-b)^2\cos\tfrac{1}{2}\gamma^2.$$

Durch Auflösung der Gleichungen 2') und 2'') nach $\cos\frac{1}{2}\gamma$ und

$\sin\frac{1}{2}\gamma$ erhält man:

$$\cos\tfrac{1}{2}\gamma = \sqrt{\frac{(a+b)^2-c^2}{4ab}} = \sqrt{\frac{(a+b+c)(a+b-c)}{4ab}},$$

$$\sin\tfrac{1}{2}\gamma = \sqrt{\frac{c^2-(a-b)^2}{4ab}} = \sqrt{\frac{(-a+b+c)(a-b+c)}{4ab}}.$$

Bezeichnet man den halben Umfang des Dreiecks durch s, so ist

$$a+b+c=2s; \quad a+b-c=2s-2c=2(s-c), \quad \text{also:}$$

$$5)\quad \cos\tfrac{1}{2}\gamma = \sqrt{\frac{s(s-c)}{ab}}.$$

$$6)\quad \sin\tfrac{1}{2}\gamma = \sqrt{\frac{(s-a)(s-b)}{ab}}.$$

$$7)\quad \operatorname{tg}\tfrac{1}{2}\gamma = \sqrt{\frac{(s-a)(s-b)}{s(s-c)}}.$$

Nach § 162, 4) und § 160, I. ist $\triangle = ab\sin\frac{1}{2}\gamma\cos\frac{1}{2}\gamma$, also

$$8)\quad \triangle = \sqrt{s(s-a)(s-b)(s-c)}.$$

$$9)\quad \triangle = \tfrac{1}{4}\sqrt{(a+b+c)(-a+b+c)(a-b+c)(a+b-c)}.$$

§ 164a (179a). Bezeichnet man den Radius des eingeschriebenen Kreises durch ϱ und die Abschnitte der Seiten durch x, y, z, so ist $\operatorname{tg}\frac{1}{2}\alpha = \varrho : x$, $\operatorname{tg}\frac{1}{2}\beta = \varrho : y$, $\operatorname{tg}\frac{1}{2}\gamma = \varrho : z$, und mit Rücksicht auf § 120a ergiebt sich:

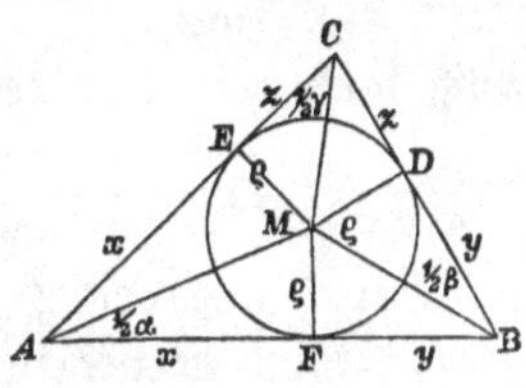

$$10)\quad \operatorname{tg}\tfrac{1}{2}\alpha = \frac{\varrho}{s-a}. \qquad 11)\quad \triangle = \varrho \cdot s.$$

§ 165 (180 Anm.). Macht man $CD = CE = CA$ und zieht AD und AE, so wird $\angle DAE = 1R$, und es ist 1) im Dreieck BDA Seite $BD = a+b$, $\angle BDA = \frac{1}{2}\gamma$, $DAB = \alpha + \frac{1}{2}\gamma = 90^0 + \frac{1}{2}(\alpha-\beta)$; 2) im Dreieck BEA Seite $BE = a-b$, $\angle AEB = 90^0 + \frac{1}{2}\gamma$, $EAB = DAB - 90^0 = \frac{1}{2}(\alpha-\beta)$. Nach dem Sinussatz erhält man also

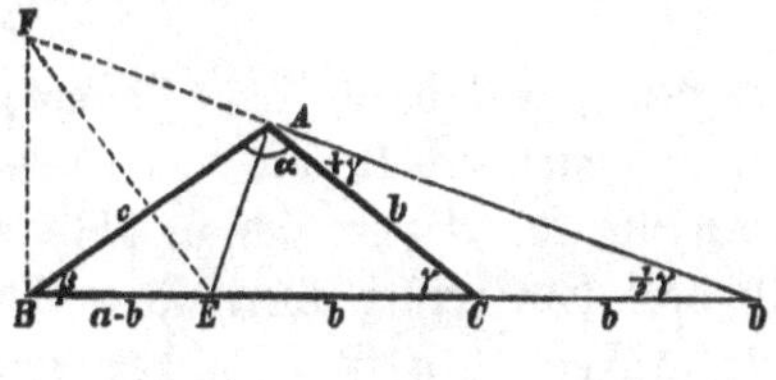

$$\frac{c}{\sin\frac{1}{2}\gamma} = \frac{a+b}{\sin(90^0+\frac{1}{2}(\alpha-\beta))}; \quad \frac{c}{\sin(90^0+\frac{1}{2}\gamma)} = \frac{a-b}{\sin\frac{1}{2}(\alpha-\beta)}.$$

Nach § 160, 3) ist $\sin(90^\circ+x)=\cos x$, folglich wird:

$$12)\quad c\sin\tfrac{1}{2}(\alpha-\beta)=(a-b)\cos\tfrac{1}{2}\gamma.$$
$$13)\quad c\cos\tfrac{1}{2}(\alpha-\beta)=(a+b)\sin\tfrac{1}{2}\gamma.$$
(Gaußischer Doppelsatz.)

$$14)\quad \operatorname{tg}\tfrac{1}{2}(\alpha-\beta)=\frac{a-b}{a+b}\cdot\cot\tfrac{1}{2}\gamma.$$

Nun ist $\cot\frac{1}{2}\gamma=\operatorname{tg}(90^\circ-\frac{1}{2}\gamma)=\operatorname{tg}\frac{1}{2}(\alpha+\beta)$; folglich nimmt 14) die Form an:

$$14')\quad \frac{\operatorname{tg}\frac{1}{2}(\alpha-\beta)}{\operatorname{tg}\frac{1}{2}(\alpha+\beta)}=\frac{a-b}{a+b}.\quad \text{(Tangentensatz.)}$$

Um diesen Satz unabhängig von dem Doppelsatze abzuleiten, errichte man auf BD das Lot BF und ziehe EF; dann ist $\angle BFD=\frac{1}{2}(\alpha+\beta)$ und (zufolge § 55, 2 und § 54, 1) $\angle BFE=BAE=\frac{1}{2}(\alpha-\beta)$. Aus den Dreiecken BFE und BFD ergiebt sich nun $\operatorname{tg}\frac{1}{2}(\alpha-\beta)=(a-b):BF$ und $\operatorname{tg}\frac{1}{2}(\alpha+\beta)=(a+b):BF$, und hieraus durch Division die Gleichung 14').

§ 166 (181). Die vier Hauptfälle.

1) Sind von einem Dreiecke eine Seite c und zwei Winkel gegeben, so berechnet man den dritten Winkel durch die Gleichung $\alpha+\beta+\gamma=180^\circ$ und dann d, a, b, $\triangle$ durch die Formeln

$$d=\frac{c}{\sin\gamma},\quad a=d\sin\alpha,\quad b=d\sin\beta,\quad \triangle=\tfrac{1}{2}ab\sin\gamma.$$

Auch kann man eine der Formeln

$$\triangle=\frac{c^2\sin\alpha\sin\beta}{2\sin\gamma},\quad \triangle=\tfrac{1}{2}d^2\sin\alpha\sin\beta\sin\gamma$$

zur Berechnung von $\triangle$ anwenden.

2) Sind zwei Seiten und ein gegenüberliegender Winkel (a, b, α) gegeben, so berechnet man β, γ, c durch

$$\sin\beta=\frac{b\sin\alpha}{a},\quad \gamma=180^\circ-(\alpha+\beta),\quad c=\frac{a\sin\gamma}{\sin\alpha},$$

und den Inhalt durch $\triangle=\frac{1}{2}ab\sin\gamma$. — Ist $a>b$, so muß $\beta<90^\circ$ sein und man erhält nur ein Dreieck. Ist dagegen $a<b$, so ergeben sich für β zwei sich zu 180° ergänzende Werte oder der Wert 90° oder kein reeller Wert, je nachdem $b\sin\alpha$ kleiner, ebenso groß oder größer als a ist. In dem ersten dieser drei Fälle erhält man also zwei verschiedene Dreiecke.

3) Aus den drei Seiten a, b, c berechnet man die übrigen

Stücke durch

$$\varrho = \sqrt{\frac{(s-a)(s-b)(s-c)}{s}} \quad (\S\,120\text{a}, 2)),$$

$$\operatorname{tg}\tfrac{1}{2}\alpha = \frac{\varrho}{s-a}, \quad \operatorname{tg}\tfrac{1}{2}\beta = \frac{\varrho}{s-b}, \quad \operatorname{tg}\tfrac{1}{2}\gamma = \frac{\varrho}{s-c}, \quad \triangle = s.\varrho.$$

Soll nur ein einzelner Winkel berechnet werden, so wendet man die Formel 7) des § 164 an.

4) Aus zwei Seiten und dem eingeschlossenen Winkel (a, b, γ) findet man die beiden anderen Winkel und die dritte Seite durch die Formeln

$$\tfrac{1}{2}(\alpha+\beta) = 90^0 - \tfrac{1}{2}\gamma, \quad \operatorname{tg}\tfrac{1}{2}(\alpha-\beta) = \frac{a-b}{a+b}\cdot\operatorname{tg}\tfrac{1}{2}(\alpha+\beta),$$

$$\alpha = \tfrac{1}{2}(\alpha+\beta)+\tfrac{1}{2}(\alpha-\beta), \quad \beta = \tfrac{1}{2}(\alpha+\beta)-\tfrac{1}{2}(\alpha-\beta),$$

$$c = \frac{a\sin\gamma}{\sin\alpha} \quad \text{oder} \quad c = \frac{b\sin\gamma}{\sin\beta}.$$

Noch etwas kürzer führt die folgende Methode zum Ziel. Durch die Gleichungen 12) und 13)

$$c\sin\tfrac{1}{2}(\alpha-\beta) = (a-b)\cos\tfrac{1}{2}\gamma$$
$$c\cos\tfrac{1}{2}(\alpha-\beta) = (a+b)\sin\tfrac{1}{2}\gamma$$

berechnet man $\log c\sin\frac{1}{2}(\alpha-\beta)$ und $\log c\cos\frac{1}{2}(\alpha-\beta)$, indem man von den (genau unter einander zu stellenden) Logarithmen der Größen $a-b$, $a+b$, $\cos\frac{1}{2}\gamma$, $\sin\frac{1}{2}\gamma$ den ersten und dritten und den zweiten und vierten addiert, erhält hieraus durch Subtraktion $\log\operatorname{tg}\frac{1}{2}(\alpha-\beta)$, also auch $\frac{1}{2}(\alpha-\beta)$ selbst, und findet alsdann $\log c$ auf zweierlei Weise, indem man $\log\sin\frac{1}{2}(\alpha-\beta)$ von $\log c.\sin\frac{1}{2}(\alpha-\beta)$ und $\log\cos\frac{1}{2}(\alpha-\beta)$ von $\log c.\cos\frac{1}{2}(\alpha-\beta)$ subtrahiert. Hierbei dient die doppelte Berechnung von c als ein wichtiges Prüfungsmittel der Rechnung. — Der Inhalt wird bei dieser Aufgabe durch $\triangle = \frac{1}{2}ab\sin\gamma$, bezw. $\triangle = ab\sin\frac{1}{2}\gamma\cos\frac{1}{2}\gamma$ bestimmt.

Beispiel.

$$a = 1213{,}5; \quad b = 818{,}3; \quad \gamma = 44^0 33',2; \quad \tfrac{1}{2}\gamma = 22^0 16',6.$$

$$a-b = 395{,}2; \quad a+b = 2031{,}8; \quad \tfrac{1}{2}(\alpha+\beta) = 67^0 43',4.$$

$$\log(a-b) = 2{,}59682$$
$$\log(a+b) = 3{,}30788$$
$$\log\cos\tfrac{1}{2}\gamma = 9{,}96631 \qquad \left.\begin{array}{l}\log a = 3{,}08404\\ \log b = 2{,}91291\end{array}\right\}$$
$$\log\sin\tfrac{1}{2}\gamma = 9{,}57873$$

$$
\begin{array}{rlrl}
\log c \sin\tfrac{1}{2}(\alpha-\beta) &= 2{,}56313 & \log\triangle &= 5{,}54199 \\
\log c \cos\tfrac{1}{2}(\alpha-\beta) &= 2{,}88661 & \triangle &= 348331 \\
\log \mathrm{tg}\tfrac{1}{2}(\alpha-\beta) &= 9{,}67652 & \tfrac{1}{2}(\alpha-\beta) &= 25^{\circ}23',94 \\
\log \sin\tfrac{1}{2}(\alpha-\beta) &= 9{,}63237 & \tfrac{1}{2}(\alpha+\beta) &= 67^{\circ}43',4 \\
\log \cos\tfrac{1}{2}(\alpha-\beta) &= 9{,}95585 & \alpha &= 93^{\circ}\ 7',34 \\
\left.\begin{array}{r}\log c = 2{,}93076 \\ \log c = 2{,}93076\end{array}\right\} & & \beta &= 42^{\circ}19',46 \\
& & c &= 852{,}62.
\end{array}
$$

Bemerkung. Die Additionstheoreme und ihre wichtigsten Folgerungen sind im folgenden Abschnitt entwickelt. (Vergl. insbesondere die §§ 174, 175, 177, 180, 181b.)

II. Die Kreisfunktionen (Goniometrie).

§ 167 (162). Ein Kreis sei durch zwei auf einander senkrechte Durchmesser *AB* und *CD* in vier Quadranten (*AMC, CMB, BMD, DMA*) geteilt. Für jeden Centriwinkel ist das Verhältnis der Länge des zugehörigen Bogens zu der des Radius eine bestimmte Zahl; diese Zahl wird der **Wert** (oder der Arcus) des Winkels genannt. Der Winkel vom Werte 1 ist also derjenige, dessen Bogen gleich dem Radius ist.

Es sei nun die Länge des Radius = 1 (d. h. der Radius diene als Längeneinheit und zugleich zur Veranschaulichung der Zahl 1); dann ist der Wert jedes Centriwinkels, wie *AME* oder AME_2, gleich der Länge des zugehörigen Bogens, *AE* oder ACE_2.

Die Länge eines Bogens von 180° ist $=\pi$, die eines Bogens von 1°

$$=\frac{\pi}{180}=\frac{3{,}14159265}{180}=0{,}017453.$$

Also ist auch der Wert des gestreckten Winkels $=\pi$, und der eines Winkels von $1^{\circ}=0{,}017453$.

Ein Bogen, dessen Länge = 1 = dem Radius, beträgt in Graden (Minuten, Sekunden):

$$\frac{180^{\circ}}{\pi}=57^{\circ},2957795=57^{\circ}17'44'',81=206264'',81.$$

Demnach ist z. B. der Radius des Äquators der Erde gleich einem 206264,81 Sekunden zählenden Bogen des Äquators; nun ist 1° des Äquators = 15 geographischen Meilen oder, die Meile zu 24000 Fuß gerechnet, = 360000 Fuß, also 1″ = 100 Fuß, und der Erdradius beträgt daher 20626481 Fuß (oder nahezu 860 geogr. Ml.). Da ferner von der Sonne aus beobachtet der Erdradius unter einem Winkel von nahezu 8″,60, also eine Meile auf der Erde unter einem Winkel von $\frac{1}{100}$″ erscheint, das heißt ebenso groß als 1 Fuß vom Mittelpunkte der Erde aus gesehen, so würde hiernach die Entfernung der Sonne von der Erde 20626481 Meilen betragen. (Dieser Wert ist jedoch etwas zu groß, da nach neueren Bestimmungen für den obigen Winkel nicht 8,6 sondern 8,8 Sekunden anzunehmen sind. Vergl. die Tabelle der astronomischen Konstanten.) — Ist die jährliche Parallaxe eines Fixsterns 1″, d. h. erscheint von ihm aus gesehen der Radius der Erdbahn unter einem Winkel von 1″, so ist er 206265 Sonnenweiten von uns entfernt.

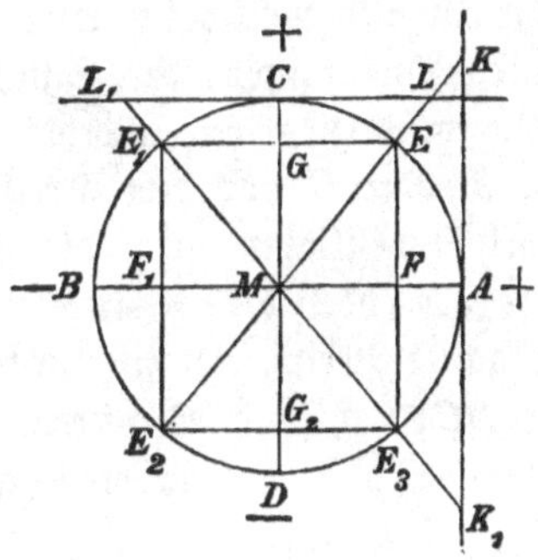

Die folgende Tafel kann dazu dienen, aus der im Gradmaße ausgedrückten Größe eines Winkels den Wert desselben zu berechnen, und umgekehrt; (oder auch: einen nach Graden, Minuten, Sekunden gegebenen Bogen in Teilen des Radius auszudrücken, und umgekehrt.)

$1^\circ = 0{,}017453$	$1' = 0{,}0002909$	$1'' = 0{,}00000485$
$2^\circ = 0{,}034907$	$2' = 0{,}0005818$	$2'' = 0{,}00000970$
$3^\circ = 0{,}052360$	$3' = 0{,}0008727$	$3'' = 0{,}00001454$
$4^\circ = 0{,}069813$	$4' = 0{,}0011636$	$4'' = 0{,}00001939$
$5^\circ = 0{,}087266$	$5' = 0{,}0014544$	$5'' = 0{,}00002424$
$6^\circ = 0{,}104720$	$6' = 0{,}0017453$	$6'' = 0{,}00002909$
$7^\circ = 0{,}122173$	$7' = 0{,}0020362$	$7'' = 0{,}00003394$
$8^\circ = 0{,}139626$	$8' = 0{,}0023271$	$8'' = 0{,}00003879$
$9^\circ = 0{,}157080$	$9' = 0{,}0026180$	$9'' = 0{,}00004363$
$1 = 57^\circ{,}29578$	$4 = 229^\circ{,}18312$	$7 = 401^\circ{,}07046$
$2 = 114^\circ{,}59156$	$5 = 286^\circ{,}47890$	$8 = 458^\circ{,}36624$
$3 = 171^\circ{,}88734$	$6 = 343^\circ{,}77468$	$9 = 515^\circ{,}66202$

§ 168 (163). Verbindet man die Endpunkte eines Bogens AE (α) mit dem Mittelpunkte M und projiziert den Radius ME auf MA und auf den auf MA senkrechten Radius MC, so heißt die erste Projektion, MF, der Cosinus, und die zweite Projektion MG (oder das

Lot FE) der Sinus des Bogens α oder des zugehörigen Winkels AME, und man bedient sich der Bezeichnung:

$$MF = \cos\alpha, \quad MG = \sin\alpha.$$

Für einen spitzen Winkel AME (α) stimmen diese Definitionen mit den früheren überein; denn im $\triangle EMF$ ist dann nach § 156 1) $\cos\alpha = MF : ME = MF : 1 = MF$ und $\sin\alpha = FE : ME = FE : 1 = FE$.

Der Cosinus ist positiv, wenn der Punkt F auf MA, negativ, wenn F auf MB, der Verlängerung von MA, liegt. Der Sinus ist positiv, wenn G auf MC, negativ, wenn G auf MD liegt. Der Cosinus ist also positiv im ersten und vierten, negativ im zweiten und dritten Quadranten; der Sinus ist positiv in den beiden ersten, negativ im dritten und vierten Quadranten. Bewegt sich ein Punkt von A über C auf dem Kreise, dann ist sein jedesmaliger Standpunkt E bestimmt durch die Abscisse $MF = \cos\alpha$ und die Ordinate FE (oder MG) $= \sin\alpha$. Durchläuft nun E, von A ausgehend, die ganze Peripherie, so durchlaufen F und G die Wege $AMBMA$ und $MCMDM$, und es nimmt $\cos\alpha$ alle Werte an zwischen 1 und -1, -1 und 1, und $\sin\alpha$ alle Werte zwischen 0 und 1, 1 und -1, -1 und 0.

Nimmt der Bogen α um 2π oder ein Vielfaches von 2π zu, so nehmen die Funktionen $\cos\alpha$ und $\sin\alpha$ wieder dieselben Werte an; sie sind periodische Funktionen des Bogens α.

§ 169 (164). An den Grenzen der Quadranten gelten die Werte:

1) $\cos 0 = 1, \ \cos\frac{1}{2}\pi = 0, \ \cos\pi = -1, \ \cos\frac{3}{2}\pi = 0, \ \cos 2\pi = 1.$

2) $\sin 0 = 0, \ \sin\frac{1}{2}\pi = 1, \ \sin\pi = 0, \ \sin\frac{3}{2}\pi = -1, \ \sin 2\pi = 0.$

Es bezeichne α einen Bogen AE, der kleiner als $\frac{1}{2}\pi$. — Da

$$MG = \cos\widehat{CE} = \cos(\tfrac{1}{2}\pi - \alpha) \quad \text{und}$$

$$MF = \sin\widehat{CE} = \sin(\tfrac{1}{2}\pi - \alpha), \quad \text{so ist:}$$

3) $\cos(\frac{1}{2}\pi - \alpha) = \sin\alpha$, 4) $\sin(\frac{1}{2}\pi - \alpha) = \cos\alpha$.

Es ist ferner, wenn Bogen $BE_1 = AE$:

$$MF_1 = \cos\widehat{ACE_1} = -\cos\widehat{BE_1} = -\cos\widehat{AE},$$

$$MG = \sin\widehat{ACE_1} = \sin\widehat{AE}, \quad \text{d. h.:}$$

5) $\cos(\pi - \alpha) = -\cos\alpha$, 6) $\sin(\pi - \alpha) = \sin\alpha$.

(Vergl. § 160, 1 u. 2.) Ähnlich ergiebt sich:

7) $\cos(\frac{1}{2}\pi+\alpha)=-\sin\alpha$, 8) $\sin(\frac{1}{2}\pi+\alpha)=\cos\alpha$,

9) $\cos(\pi+\alpha)=-\cos\alpha$, 10) $\sin(\pi+\alpha)=-\sin\alpha$,

11) $\cos(2\pi-\alpha)=\cos\alpha$, 12) $\sin(2\pi-\alpha)=-\sin\alpha$.

§ 170 (165). Rechnet man den Bogen AE positiv, so muß man einen in entgegengesetztem Sinne abgetragenen Bogen negativ nehmen. Ist nun $AE=\alpha$, $AE_3=-\alpha$, so haben diese Bogen denselben Cosinus, MF, und gleiche, aber entgegengesetzte Sinus, MG und MG_2, d. h. es ist:

1) $\cos(-\alpha)=\cos\alpha$, 2) $\sin(-\alpha)=-\sin\alpha$.

Die Formeln gelten für jeden Wert von α.

§ 171 (166). Es werde ein Bogen x gesucht aus der Gleichung:

$$1)\quad \cos x=a,$$

und es sei gesetzt $a=\cos\alpha$, während α zwischen 0 und π liegt; dann findet man:

$$x=\alpha,\quad \pm2\pi+\alpha,\quad \pm4\pi+\alpha,\quad \ldots.$$
$$-\alpha,\quad \pm2\pi-\alpha,\quad \pm4\pi-\alpha,\quad \ldots.$$

oder, wenn k irgend eine ganze Zahl bedeutet:

$$x=2k\pi\pm\alpha.$$

Ebenso hat die Gleichung

$$2)\quad \sin x=a=\sin\alpha,$$

worin α zwischen $-\frac{1}{2}\pi$ und $\frac{1}{2}\pi$ liegt, die Auflösungen:

$$x=\alpha,\quad \pm2\pi+\alpha,\quad \pm4\pi+\alpha,\quad \ldots.$$
$$\pm\pi-\alpha,\quad \pm3\pi-\alpha,\quad \pm5\pi-\alpha,\quad \ldots.$$

das heißt: $x=2k\pi+\alpha$ und $x=(2k+1)\pi-\alpha$,

oder: $x=k\pi+(-1)^k\alpha$.

§ 172 (167). Es ist $MF^2+FE^2=ME^2$, d. h.:

$$1)\quad \cos\alpha^2+\sin\alpha^2=1,$$

2) $\cos\alpha=\sqrt{1-\sin\alpha^2}$, 3) $\sin\alpha=\sqrt{1-\cos\alpha^2}$.

Gehört α einem anderen als dem ersten Quadranten an, so gilt die Formel 1) unverändert, während in 2) und 3) die Vorzeichen der Quadratwurzeln nach § 168 bestimmt werden müssen.

§ 173 (168). 1) In einem rechtwinkligen Dreiecke, dessen Hypotenuse $= 1$, ist jede Kathete der Sinus des ihr gegenüberliegenden und der Cosinus des ihr anliegenden spitzen Winkels. (§ 156, 5).)

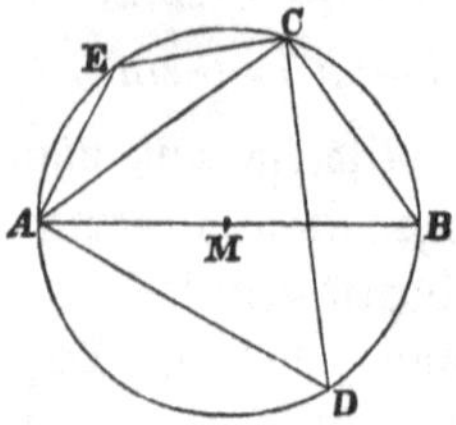

2) In einem Kreise, dessen Durchmesser $(AB) = 1$, ist jede Sehne (AC) der Sinus eines jeden zu ihr gehörigen Peripheriewinkels. Denn da $\angle ACB = 1\,R$, so ist nach 1):

$$\text{Sehne } AC = \sin \angle ABC.$$

Da aber $\angle ADC = ABC$ und $\angle AEC = 180^\circ - ADC$ und $\sin(180^\circ - ADC) = \sin ADC$ ist, so ist auch:

$$\text{Sehne } AC = \sin \angle ADC = \sin \angle AEC.$$

§ 174 (169). Nimmt man wiederum den Durchmesser AB als Längeneinheit und trägt an denselben in B nach entgegengesetzten Seiten $\angle ABC = \alpha$ und $\angle ABD = \beta$ an und zieht die Sehnen AC, AD und CD, so ist nach dem Ptolemäischen Lehrsatze:

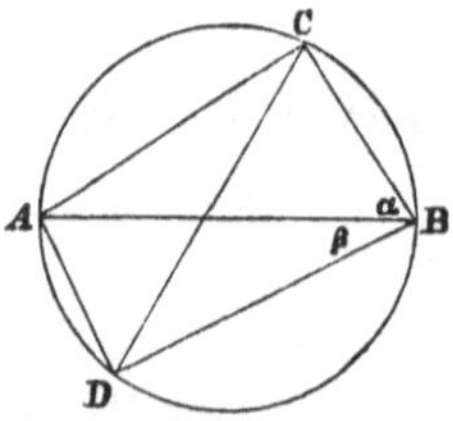

$$AB.CD = AC.BD + BC.AD,$$

also zufolge § 173:

$$1.\quad \sin(\alpha + \beta) = \sin\alpha.\cos\beta + \cos\alpha.\sin\beta.$$

Trägt man dagegen α und β in B an derselben Seite des Durchmessers an, so ist $AB.CD = AC.BD - BC.AD$, also

$$1.\quad \sin(\alpha - \beta) = \sin\alpha\cos\beta - \cos\alpha\sin\beta,$$

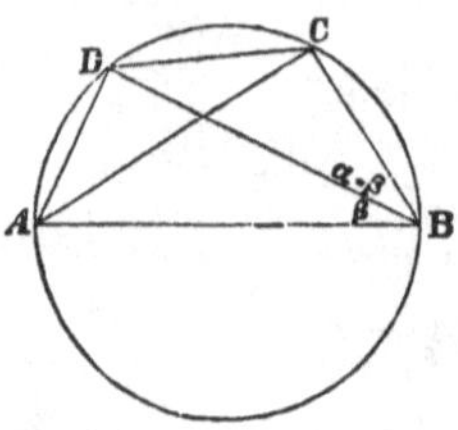

wenn $\alpha > \beta$. Ist $\alpha < \beta$, so muß man in der erhaltenen Formel α mit β vertauschen; da aber $\sin(\beta - \alpha) = -\sin(\alpha - \beta)$ ist, so erhält man für $\sin(\alpha - \beta)$ schließlich dieselbe Formel. Verwandelt man nun noch in den für $\sin(\alpha + \beta)$ und $\sin(\alpha - \beta)$ gefundenen Gleichungen α in $90^\circ - \alpha$, so hat man folgende vier Formeln (die Additionstheoreme für die Funktionen Sinus und Cosinus):

1) $\sin(\alpha + \beta) = \sin\alpha\cos\beta + \cos\alpha\sin\beta.$
2) $\sin(\alpha - \beta) = \sin\alpha\cos\beta - \cos\alpha\sin\beta.$
3) $\cos(\alpha + \beta) = \cos\alpha\cos\beta - \sin\alpha\sin\beta.$
4) $\cos(\alpha - \beta) = \cos\alpha\cos\beta + \sin\alpha\sin\beta.$

Bei der Ableitung dieser Formeln ist vorausgesetzt, daß α und β zwischen 0° und 90° liegen. Da nun $\cos\beta = \cos(-\beta)$ und

$-\sin\beta = \sin(-\beta)$ ist, so läßt sich die zweite Formel auch so schreiben:

$$\sin(\alpha+(-\beta)) = \sin\alpha\cos(-\beta)+\cos\alpha\sin(-\beta).$$

Folglich ist es gestattet in Gl. 1) an Stelle von β einen gleich großen negativen Wert zu setzen. Wegen der Symmetrie von 1) in Bezug auf α und β gilt dasselbe für α. Multipliziert man Gl. 1) mit -1, so wird:

$$-\sin(\alpha+\beta) = \sin(-\alpha)\cos\beta+\cos\alpha\sin(-\beta);\text{ oder:}$$
$$\sin(-\alpha-\beta) = \sin(-\alpha)\cos(-\beta)+\cos(-\alpha)\sin(-\beta).$$

Es ist somit auch gestattet, in 1) α und β gleichzeitig durch negative Werte von gleichem Betrage zu ersetzen. Es gilt also Gleichung 1) für alle zwischen -90^0 und 90^0 enthaltenen Werte von α und β. Da nun

$$\sin x = -\sin(180^0+x),\quad \cos x = -\cos(180^0+x),$$
$$\sin x = \sin(360^0+x)$$

ist, so läßt sich 1) auch in die folgenden beiden Formen bringen:

$$-\sin(180^0+\alpha+\beta) = -\sin(180^0+\alpha)\cos\beta-\cos(180^0+\alpha)\sin\beta,$$
$$\sin(360^0+\alpha+\beta) = \sin(180^0+\alpha)\cos(180^0+\beta)+\cos(180^0+\alpha)\sin(180^0+\beta).$$

Es bleibt also Gl. 1) richtig, wenn man $180^0+\alpha$ an Stelle von α, oder auch außerdem noch $180^0+\beta$ an Stelle von β setzt; sie gilt also nicht nur, wenn α und β zwischen -90^0 und 90^0, sondern auch, wenn sie zwischen 90^0 und 270^0 liegen. Die Gültigkeit erstreckt sich also auf das 360^0 umfassende Intervall von -90^0 bis 270^0. Bei einer Vergrößerung oder Verkleinerung der Winkel um 360^0 oder ein Vielfaches von 360^0 bleiben die Werte aller in 1) vorkommenden Funktionen ungeändert. Es gilt daher Gl. 1) für beliebige positive und negative Winkel. Ganz ebenso läßt sich offenbar die allgemeine Gültigkeit von 3) darthun, und für 2) und 4) ergiebt sie sich jetzt einfach dadurch, daß man in 1) und 3) β in $-\beta$ verwandelt.

§ 175 (170). Für $\beta=\alpha$ folgt aus 1) und 3):

1) $\sin 2\alpha = 2\sin\alpha\cos\alpha$ oder 1′) $\sin\alpha = 2\sin\frac{1}{2}\alpha\cos\frac{1}{2}\alpha$.

2) $\cos 2\alpha = \cos\alpha^2-\sin\alpha^2$, 2′) $\cos\alpha = \cos\frac{1}{2}\alpha^2-\sin\frac{1}{2}\alpha^2$.

Ersetzt man in den letzten Formeln entweder $\sin\alpha^2$ durch $1-\cos\alpha^2$

oder $\cos\alpha^2$ durch $1-\sin\alpha^2$, so gehen sie über in:

3) $\cos 2\alpha = 2\cos\alpha^2 - 1$, 3') $\cos\alpha = 2\cos\frac{1}{2}\alpha^2 - 1$.

4) $\cos 2\alpha = 1 - 2\sin\alpha^2$, 4') $\cos\alpha = 1 - 2\sin\frac{1}{2}\alpha^2$.

Aus 3') und 4') folgt weiter:

$$2\cos\tfrac{1}{2}\alpha^2 = 1+\cos\alpha, \quad 2\sin\tfrac{1}{2}\alpha^2 = 1-\cos\alpha.$$

Liegt α zwischen 0° und 180°, so sind $\cos\frac{1}{2}\alpha$ und $\sin\frac{1}{2}\alpha$ beide positiv, und man erhält, indem man durch 2 dividiert und die Quadratwurzel auszieht:

5) $\cos\frac{1}{2}\alpha = \sqrt{\frac{1+\cos\alpha}{2}}$. 6) $\sin\frac{1}{2}\alpha = \sqrt{\frac{1-\cos\alpha}{2}}$.

Mit Rücksicht auf § 172, 1) und § 175, 1') ergiebt sich:

$$(\cos\tfrac{1}{2}\alpha \pm \sin\tfrac{1}{2}\alpha)^2 = \cos\tfrac{1}{2}\alpha^2 + \sin\tfrac{1}{2}\alpha^2 \pm 2\sin\tfrac{1}{2}\alpha\cos\tfrac{1}{2}\alpha = 1 \pm \sin\alpha.$$

Liegt α zwischen -90° und 90° so sind die Größen $\cos\frac{1}{2}\alpha + \sin\frac{1}{2}\alpha$ und $\cos\frac{1}{2}\alpha - \sin\frac{1}{2}\alpha$ beide positiv, und man findet:

$$\cos\tfrac{1}{2}\alpha + \sin\tfrac{1}{2}\alpha = \sqrt{1+\sin\alpha}, \quad \cos\tfrac{1}{2}\alpha - \sin\tfrac{1}{2}\alpha = \sqrt{1-\sin\alpha},$$

7) $\cos\frac{1}{2}\alpha = \frac{1}{2}\sqrt{1+\sin\alpha} + \frac{1}{2}\sqrt{1-\sin\alpha}$.

8) $\sin\frac{1}{2}\alpha = \frac{1}{2}\sqrt{1+\sin\alpha} - \frac{1}{2}\sqrt{1-\sin\alpha}$.

Für $\beta = 2\alpha$ ergiebt sich aus 3) in § 174:

$$\begin{aligned}\cos 3\alpha &= \cos\alpha\cos 2\alpha - \sin\alpha\sin 2\alpha \\ &= \cos\alpha(2\cos\alpha^2 - 1) - \sin\alpha . 2\sin\alpha\cos\alpha \\ &= \cos\alpha(2\cos\alpha^2 - 1) - 2\cos\alpha(1-\cos\alpha^2).\end{aligned}$$

9) $\cos 3\alpha = 4\cos\alpha^3 - 3\cos\alpha$. Ähnlich folgt:

10) $\sin 3\alpha = 3\sin\alpha - 4\sin\alpha^3$.

11) $\cos 5\alpha = 5\cos\alpha - 20\cos\alpha^3 + 16\cos\alpha^5$.

12) $\sin 5\alpha = 5\sin\alpha - 20\sin\alpha^3 + 16\sin\alpha^5$.

§ 176 (171). Aus 5) und 6) ergiebt sich für $\frac{1}{2}\alpha = \frac{1}{4}\pi = 45^\circ$:

1) $\cos\frac{1}{4}\pi = \sin\frac{1}{4}\pi = \sqrt{\frac{1}{2}}$;

aus 9) und 10) für $\alpha = \frac{1}{6}\pi = 30^\circ$ und $\alpha = \frac{1}{3}\pi = 60^\circ$:

2) $\cos\frac{1}{6}\pi = \sin\frac{1}{3}\pi = \frac{1}{2}\sqrt{3}$,

und hieraus vermöge der Formeln 3) und 2) in § 172:

3) $\sin\frac{1}{6}\pi = \cos\frac{1}{3}\pi = \frac{1}{2}$;

ferner aus 11) und 12) für $\alpha = \frac{1}{10}\pi = 18^\circ$ und $\alpha = \frac{1}{5}\pi = 36^\circ$:

4) $\cos\frac{1}{10}\pi = \sqrt{\frac{5+\sqrt{5}}{8}}$, 5) $\sin\frac{1}{5}\pi = \sqrt{\frac{5-\sqrt{5}}{8}}$,

wenn man die gehörigen Wurzeln der Gleichungen nimmt; und hieraus mit Rücksicht auf § 175, Nr. 3) und 4):

$$6)\quad \cos\tfrac{1}{5}\pi = \frac{\sqrt{5}+1}{4}, \qquad 7)\quad \cos\tfrac{2}{5}\pi = \sin\tfrac{1}{10}\pi = \frac{\sqrt{5}-1}{4}.$$

Die Formel 7) folgt auch aus §99, Anm. 2; für 1)—3) vergl. §156, 4).

§ 177 (172). Ersetzt man in den vier Formeln des § 174 α und β durch x und y, so erhält man durch Addition und Subtraktion:

$$\sin(x+y)+\sin(x-y)=2\sin x\cos y.$$
$$\sin(x+y)-\sin(x-y)=2\cos x\sin y.$$
$$\cos(x+y)+\cos(x-y)=2\cos x\cos y.$$
$$\cos(x+y)-\cos(x-y)=-2\sin x\sin y=2\sin x\sin(-y).$$

Setzt man $x+y=\alpha$ und $x-y=\beta$, so wird $x=\frac{1}{2}(\alpha+\beta)$ und $y=\frac{1}{2}(\alpha-\beta)$, also:

$$1)\quad \sin\alpha+\sin\beta=2\sin\tfrac{1}{2}(\alpha+\beta)\cos\tfrac{1}{2}(\alpha-\beta).$$
$$2)\quad \sin\alpha-\sin\beta=2\cos\tfrac{1}{2}(\alpha+\beta)\sin\tfrac{1}{2}(\alpha-\beta).$$
$$3)\quad \cos\alpha+\cos\beta=2\cos\tfrac{1}{2}(\alpha+\beta)\cos\tfrac{1}{2}(\alpha-\beta).$$
$$4)\quad \cos\alpha-\cos\beta=2\sin\tfrac{1}{2}(\alpha+\beta)\sin\tfrac{1}{2}(\beta-\alpha).$$

Anmerkung. Für $x=30^0$, $y=\alpha$ wird, weil $\sin 30^0=\frac{1}{2}$ ist:

$$\sin(30^0+\alpha)+\sin(30^0-\alpha)=\cos\alpha$$
$$\cos(30^0+\alpha)-\cos(30^0-\alpha)=-\sin\alpha,\ \text{also:}$$
$$\sin(30^0+\alpha)=\cos\alpha-\sin(30^0-\alpha)$$
$$\cos(30^0+\alpha)=\cos(30^0-\alpha)-\sin\alpha.$$

Daher sind die Sinus und Cosinus nur von 0^0 bis 30^0 zu berechnen, nicht von 0^0 bis 45^0, um alle von 0^0 bis 90^0 zu erhalten.

§ 177a (180). Analytischer Beweis des Gaußischen Doppelsatzes. Nach § 161 ist $a\sin\gamma=c\sin\alpha$, $b\sin\gamma=c\sin\beta$, also:

$$(a-b)\sin\gamma=c(\sin\alpha-\sin\beta)=c.2\cos\tfrac{1}{2}(\alpha+\beta)\sin\tfrac{1}{2}(\alpha-\beta),$$
$$(a+b)\sin\gamma=c(\sin\alpha+\sin\beta)=c.2\sin\tfrac{1}{2}(\alpha+\beta)\cos\tfrac{1}{2}(\alpha-\beta).$$

Nun ist $\sin\gamma=2\sin\frac{1}{2}\gamma\cos\frac{1}{2}\gamma$, $\cos\frac{1}{2}(\alpha+\beta)=\sin\frac{1}{2}\gamma$, $\sin\frac{1}{2}(\alpha+\beta)=\cos\frac{1}{2}\gamma$. Durch Division mit $2\sin\frac{1}{2}\gamma$, bezw. $2\cos\frac{1}{2}\gamma$, und Vertauschung der beiden Seiten der Gleichungen folgt also:

$$c\sin\tfrac{1}{2}(\alpha-\beta)=(a-b)\cos\tfrac{1}{2}\gamma,$$
$$c\cos\tfrac{1}{2}(\alpha-\beta)=(a+b)\sin\tfrac{1}{2}\gamma.$$

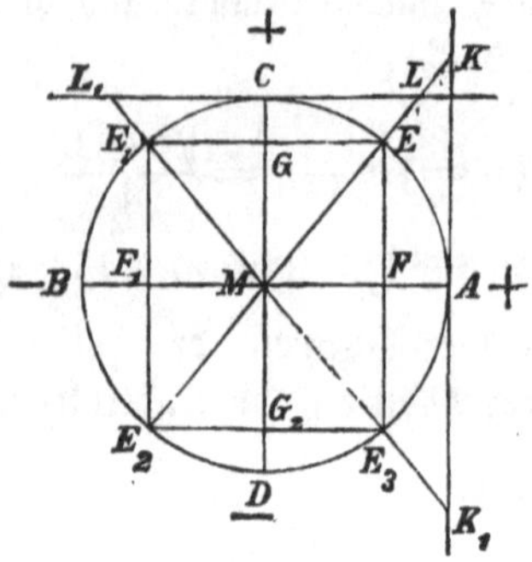

§ 178 (173). Zieht man durch A und C Tangenten an den Kreis und bezeichnet die Punkte, in welchen dieselben durch die Verlängerung von ME geschnitten werden, durch K und L, so nennt man AK die Tangente (tg), CL die Cotangente (cot), MK die Sekante (sec) und ML die Cosekante (cosec) des Bogens AE (α). Es gelten die Proportionen:

$$\frac{AK}{MA} = \frac{FE}{MF}, \text{ also: } \quad 1) \quad \operatorname{tg}\alpha = \frac{\sin\alpha}{\cos\alpha},$$

$$\frac{CL}{MC} = \frac{GE}{MG}, \text{ also: } \quad 2) \quad \cot\alpha = \frac{\cos\alpha}{\sin\alpha},$$

$$\frac{MK}{MA} = \frac{ME}{MF}, \text{ also: } \quad 3) \quad \sec\alpha = \frac{1}{\cos\alpha},$$

$$\frac{ML}{MC} = \frac{ME}{MG}, \text{ also: } \quad 4) \quad \operatorname{cosec}\alpha = \frac{1}{\sin\alpha}.$$

Die Tangente und Cotangente sind positiv im ersten und dritten, negativ im zweiten und vierten Quadranten; die Sekante und Cosekante haben bezw. gleiches Vorzeichen mit dem Cosinus und Sinus.

§ 179 (174). Es gelten die Formeln:

$$1) \operatorname{tg}0 = 0,\ \operatorname{tg}\tfrac{1}{2}\pi = \pm\infty,\ \operatorname{tg}\pi = 0,\ \operatorname{tg}\tfrac{3}{2}\pi = \pm\infty,\ \operatorname{tg}2\pi = 0,$$

$$2) \cot 0 = \pm\infty,\ \cot\tfrac{1}{2}\pi = 0,\ \cot\pi = \pm\infty,\ \cot\tfrac{3}{2}\pi = 0,\ \cot 2\pi = \pm\infty.$$

$$3) \quad \operatorname{tg}\tfrac{1}{4}\pi = \cot\tfrac{1}{4}\pi = 1.$$

$$4) \quad \operatorname{tg}(\tfrac{1}{2}\pi - \alpha) = \cot\alpha. \qquad 5) \quad \cot(\tfrac{1}{2}\pi - \alpha) = \operatorname{tg}\alpha.$$

$$6) \quad \operatorname{tg}(\pi - \alpha) = -\operatorname{tg}\alpha. \qquad 7) \quad \cot(\pi - \alpha) = -\cot\alpha.$$

$$8) \quad \operatorname{tg}(\pi + \alpha) = \operatorname{tg}\alpha. \qquad 9) \quad \cot(\pi + \alpha) = \cot\alpha.$$

$$10) \quad \operatorname{tg}\alpha . \cot\alpha = 1. \qquad 10') \quad \operatorname{tg}\alpha = \frac{1}{\cot\alpha}. \qquad 10'') \quad \cot\alpha = \frac{1}{\operatorname{tg}\alpha}.$$

$$\frac{1}{\cos\alpha^2} = \frac{\cos\alpha^2 + \sin\alpha^2}{\cos\alpha^2} = \frac{\cos\alpha^2}{\cos\alpha^2} + \frac{\sin\alpha^2}{\cos\alpha^2} = 1 + \operatorname{tg}\alpha^2,$$

also: $$11) \quad \cos\alpha = \frac{1}{\sqrt{1 + \operatorname{tg}\alpha^2}}. \qquad 12) \quad \sin\alpha = \frac{\operatorname{tg}\alpha}{\sqrt{1 + \operatorname{tg}\alpha^2}}.$$

Aus 2') und 1') in § 175 ergiebt sich:

$$\cos\alpha = \frac{\cos\frac{1}{2}\alpha^2 - \sin\frac{1}{2}\alpha^2}{\cos\frac{1}{2}\alpha^2 + \sin\frac{1}{2}\alpha^2}, \quad \sin\alpha = \frac{2\sin\frac{1}{2}\alpha\cos\frac{1}{2}\alpha}{\cos\frac{1}{2}\alpha^2 + \sin\frac{1}{2}\alpha^2},$$

folglich, wenn man Zähler und Nenner der Brüche durch $\cos\frac{1}{2}\alpha^2$ dividiert:

$$13)\quad \cos\alpha = \frac{1 - \operatorname{tg}\frac{1}{2}\alpha^2}{1 + \operatorname{tg}\frac{1}{2}\alpha^2}. \qquad 14)\quad \sin\alpha = \frac{2\operatorname{tg}\frac{1}{2}\alpha}{1 + \operatorname{tg}\frac{1}{2}\alpha^2}.$$

§ 180 (175). Es ist:

$$\operatorname{tg}(\alpha+\beta) = \frac{\sin(\alpha+\beta)}{\cos(\alpha+\beta)} = \frac{\sin\alpha\cos\beta + \cos\alpha\sin\beta}{\cos\alpha\cos\beta - \sin\alpha\sin\beta}$$

$$= \frac{\frac{\sin\alpha}{\cos\alpha}\cdot\frac{\cos\beta}{\cos\beta} + \frac{\cos\alpha}{\cos\alpha}\cdot\frac{\sin\beta}{\cos\beta}}{\frac{\cos\alpha}{\cos\alpha}\cdot\frac{\cos\beta}{\cos\beta} - \frac{\sin\alpha}{\cos\alpha}\cdot\frac{\sin\beta}{\cos\beta}}.$$

$$1)\quad \operatorname{tg}(\alpha+\beta) = \frac{\operatorname{tg}\alpha + \operatorname{tg}\beta}{1 - \operatorname{tg}\alpha\operatorname{tg}\beta}.$$

$$2)\quad \operatorname{tg}(\alpha-\beta) = \frac{\operatorname{tg}\alpha - \operatorname{tg}\beta}{1 + \operatorname{tg}\alpha\operatorname{tg}\beta}.$$

Für $\beta = \alpha$ folgt aus 1):

$$3)\quad \operatorname{tg}2\alpha = \frac{2\operatorname{tg}\alpha}{1 - \operatorname{tg}\alpha^2},$$

und aus 1) und 2), wenn zuerst $\alpha = 45^\circ$ gesetzt und darauf β in α verwandelt wird:

$$4)\quad \operatorname{tg}(45^\circ+\alpha) = \frac{1 + \operatorname{tg}\alpha}{1 - \operatorname{tg}\alpha}.$$

$$5)\quad \operatorname{tg}(45^\circ-\alpha) = \frac{1 - \operatorname{tg}\alpha}{1 + \operatorname{tg}\alpha}.$$

§ 181a (175a). Unter der Voraussetzung, daß $\alpha+\beta+\gamma = 180^\circ$ ist, wird $\operatorname{tg}(\alpha+\beta) = -\operatorname{tg}\gamma$, also nach § 180, 1):

$$\frac{\operatorname{tg}\alpha + \operatorname{tg}\beta}{1 - \operatorname{tg}\alpha\operatorname{tg}\beta} = -\operatorname{tg}\gamma, \quad \text{oder:}$$

$$1)\quad \operatorname{tg}\alpha + \operatorname{tg}\beta + \operatorname{tg}\gamma = \operatorname{tg}\alpha\operatorname{tg}\beta\operatorname{tg}\gamma.$$

Hierin darf man α, β, γ in $90^\circ - \frac{1}{2}\alpha$, $90^\circ - \frac{1}{2}\beta$, $90^\circ - \frac{1}{2}\gamma$ verwandeln, weil die Summe der drei neuen Winkel ebenfalls 180° beträgt. Daher ist:

$$2)\quad \cot\tfrac{1}{2}\alpha + \cot\tfrac{1}{2}\beta + \cot\tfrac{1}{2}\gamma = \cot\tfrac{1}{2}\alpha\cot\tfrac{1}{2}\beta\cot\tfrac{1}{2}\gamma.$$

§ 181b (181a). Unter derselben Voraussetzung wird

$$\sin\alpha+\sin\beta+\sin\gamma=\sin\alpha+\sin\beta+\sin(\alpha+\beta)$$
$$=2\sin\tfrac{1}{2}(\alpha+\beta)\cos\tfrac{1}{2}(\alpha-\beta)+2\sin\tfrac{1}{2}(\alpha+\beta)\cos\tfrac{1}{2}(\alpha+\beta)$$
$$=2\sin\tfrac{1}{2}(\alpha+\beta).(\cos\tfrac{1}{2}(\alpha-\beta)+\cos\tfrac{1}{2}(\alpha+\beta))$$
$$=\qquad 2\cos\tfrac{1}{2}\gamma.2\cos\tfrac{1}{2}\alpha\cos\tfrac{1}{2}\beta.$$

1) $\sin\alpha+\sin\beta+\sin\gamma=4\cos\frac{1}{2}\alpha\cos\frac{1}{2}\beta\cos\frac{1}{2}\gamma.$

Ebenso folgt:

2) $\sin\alpha+\sin\beta-\sin\gamma=4\sin\frac{1}{2}\alpha\sin\frac{1}{2}\beta\cos\frac{1}{2}\gamma.$

In jedem Dreieck ist nun

$$s=\tfrac{1}{2}(a+b+c)=\tfrac{1}{2}d(\sin\alpha+\sin\beta+\sin\gamma),$$
$$s-c=\tfrac{1}{2}(a+b-c)=\tfrac{1}{2}d(\sin\alpha+\sin\beta-\sin\gamma),$$

also:

3) $s=2d\cos\frac{1}{2}\alpha\cos\frac{1}{2}\beta\cos\frac{1}{2}\gamma.$

4) $s-c=2d\sin\frac{1}{2}\alpha\sin\frac{1}{2}\beta\cos\frac{1}{2}\gamma.$

Ferner ergiebt sich aus § 164a und aus $\triangle CE'N'$ in § 120a:

$$\varrho=(s-c)\operatorname{tg}\tfrac{1}{2}\gamma,\quad \varrho_c=s\operatorname{tg}\tfrac{1}{2}\gamma;$$

also ist:

5) $\varrho=2d\sin\frac{1}{2}\alpha\sin\frac{1}{2}\beta\sin\frac{1}{2}\gamma,$

6) $\varrho_c=2d\cos\frac{1}{2}\alpha\cos\frac{1}{2}\beta\sin\frac{1}{2}\gamma.$

Anhang zur Trigonometrie.

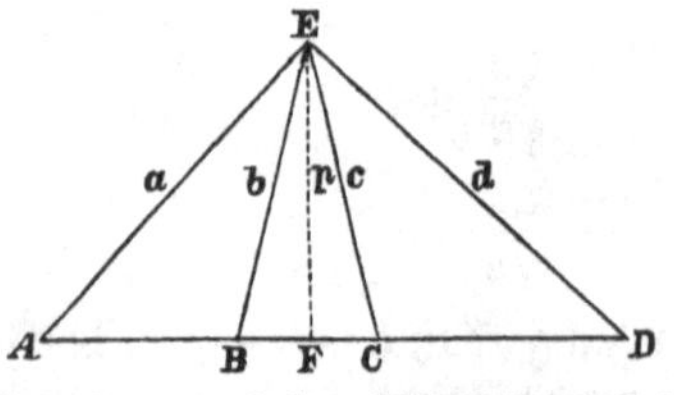

Von einem Punkte E sind nach den in gerader Linie liegenden Punkten A, B, C, D die Strahlen a, b, c, d gezogen. Der doppelte Flächeninhalt des Dreiecks EAB ist $=AB.p$ und $=ab\sin(ab)$, wenn die Höhe EF durch p und der Winkel AEB durch (ab) bezeichnet wird. Daher ist:

$$AB.p=ab\sin(ab),\quad\text{ebenso}\quad CD.p=cd\sin(cd)\quad\text{u. s. w.,}$$

also:

$$\frac{abcd}{p^2}=\frac{AB.CD}{\sin(ab)\sin(cd)}=\frac{AC.BD}{\sin(ac)\sin(bd)}=\frac{AD.BC}{\sin(ad)\sin(bc)}.$$

Bemerkung. Man überzeugt sich leicht, daß $AC.BD=AB.CD+AD.BC$ ist. Daraus ergiebt sich dann, daß auch

$$\sin(ac)\sin(bd)=\sin(ab)\sin(cd)+\sin(ad)\sin(bc),$$

also, wenn (ab), (bc), (cd) durch α, β, γ bezeichnet werden:

$$\sin(\alpha+\beta)\sin(\beta+\gamma)=\sin\alpha\sin\gamma+\sin(\alpha+\beta+\gamma)\sin\beta.$$

Beispiele.

1) Man kennt die Strecken $AB=q$, $BC=r$, $CD=s$ und soll den Punkt E finden, von dem aus diese Strecken gleich groß erscheinen. Man hat dann

$$\frac{qs}{\sin x\sin x}=\frac{(q+r)(r+s)}{\sin 2x\sin 2x},\quad \text{also:}\quad \cos x=\sqrt{\frac{(q+r)(r+s)}{4qs}}.$$

Setzt man Winkel $EBC=z$, so findet man

$$b\sin x=q\sin(z-x)=r\sin(z+x),$$

und hieraus leicht z und die Strecken a, b, c, d; nämlich:

$$\operatorname{tg} z=\frac{q+r}{q-r}\operatorname{tg} x,\quad a=\frac{q\sin z}{\sin x},\quad b=\frac{q\sin(z-x)}{\sin x}\quad \text{u. s. w.}$$

Ebenso läßt sich die Aufgabe lösen, wenn die Winkel bei E sich wie $1:2:3$ verhalten oder andere Bedingungen erfüllen müßten.

2) Die Winkel $AEB=\alpha$, $BEC=\beta$, $CED=\gamma$ sind gemessen, und aus den Strecken q und s soll die mittelste $r=x$ bestimmt werden. Man erhält x aus der Formel:

$$\frac{(q+x)(s+x)}{\sin(\alpha+\beta)\sin(\beta+\gamma)}=\frac{qs}{\sin\alpha\sin\gamma}.$$

3) Der Kanal $ABCD$ schneidet die Straße ED. Von E aus wird der Mastbaum eines Schiffes, welches mit der Geschwindigkeit g nach D hin segelt, zuerst in A beobachtet; nach t Sekunden wird er in B und nach Verlauf von abermals t' Sekunden in C erblickt. Die Winkel α, β, γ werden gemessen. Man soll die Strecken $CD=x$, $ED=z$ und den Winkel $ECB=y$ bestimmen. — Es ist $AB=gt$, $BC=gt'$, also:

$$\frac{gt.x}{\sin\alpha\sin\gamma}=\frac{g(t+t')(gt'+x)}{\sin(\alpha+\beta)\sin(\beta+\gamma)}.$$

Hieraus ergiebt sich x und dann

$$z=\frac{x\sin y}{\sin\gamma}=\frac{(x+gt')\sin(\beta+y)}{\sin(\beta+\gamma)},\quad \text{also:}$$

$$\frac{\sin(\beta+y)}{\sin y}=\frac{x\sin(\beta+\gamma)}{(x+gt')\sin\gamma},$$

woraus y und dann z gefunden wird.

FSC
www.fsc.org
MIX
Papier | Fördert gute Waldnutzung
FSC® C083411

Zeitfracht Medien GmbH
Ferdinand-Jühlke-Straße 7
99095 Erfurt, Deutschland
produktsicherheit@kolibri360.de